AMAZING NATURE

了/不/起/的/大/自/然

拯救世界的

虫子

英国虫子生活 / 文 瞿 澜 / 图 常凌小 / 译

台海出版社

北京市版权局著作合同登记号：图字 01-2022-1831

图书在版编目（CIP）数据

了不起的大自然. 拯救世界的虫子 / 英国虫子生活
文；瞿澜图；常凌小译. — 北京：台海出版社，
2022.12
　　ISBN 978-7-5168-3397-1

Ⅰ. ①了… Ⅱ. ①英… ②瞿… ③常… Ⅲ. ①自然科
学 - 儿童读物②昆虫 - 儿童读物 Ⅳ. ①N49②Q96-49

中国版本图书馆CIP数据核字(2022)第173810号

审图号：GS(2022)2419号
书中地图系原文插附地图

了不起的大自然　　拯救世界的虫子

著　　者：英国虫子生活 / 文　　瞿　澜 / 图　　常凌小 / 译	
出 版 人：蔡　旭	选题策划：大眼鸟文化
责任编辑：王　萍	
出版发行：台海出版社	
地　　址：北京市东城区景山东街20号	邮政编码：100009
电　　话：010-64041652（发行、邮购）	
传　　真：010-84045799（总编室）	
网　　址：www.taimeng.org.cn/thcbs/default.htm	
E - mail：thcbs@126.com	
经　　销：全国各地新华书店	
印　　刷：北京天工印刷有限公司	
本书如有破损、缺页、装订错误，请与本社联系调换	
开　　本：787毫米×1092毫米	1/8
字　　数：35千字	印　张：7
版　　次：2022年12月第1版	印　次：2022年12月第1次印刷
书　　号：ISBN 978-7-5168-3397-1	
定　　价：98.00元（全2册）	

目 录
CONTENTS

为什么虫子如此重要?

虫子对地球上的生命至关重要。没有虫子，许多植物就不能开花结果。如果虫子消失不见，那么草莓、苹果、橘子、梨、豆类、巧克力、西红柿等等也都可能会消失。

虫子不仅帮助植物生长，开花结果，还可以使土壤肥沃、健康。没有虫子，我们就不能种植足够的粮食来养活全人类。

除了帮助生产粮食、果蔬，虫子本身也是食物！它们会被鸟类等野生动物吃掉。如果失去虫子，我们同时也会失去许多其他生物，比如鸣禽、蝙蝠、青蛙和淡水鱼。

所有生物在食物网中都有一个特殊的位置。每种生物都会做特定的工作来帮助另一种生物，每项工作都非常重要。不管缺失了哪种生物的工作，其他生物都无法替代完成。只有每个微小的部分都各司其职，食物网才能正常工作。

我们来看看虫子在食物网中的位置。想想看，你能怎么保护它们呢？

虫子真的可以拯救世界吗？

3

虫子是什么？

虫子属于无脊椎动物。它们没有脊椎骨，种类繁多，占我们地球上所有动物物种总数的绝大部分。

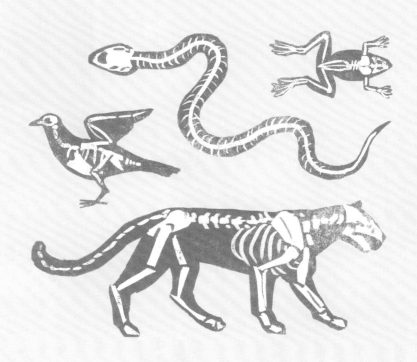

脊椎动物

脊椎动物是有脊椎骨的动物。它们包括：鱼类、两栖动物、爬行动物、鸟类和哺乳动物等。我们星球上的许多脊椎动物都是依靠虫子来生存的（它们吃虫子）。

无脊椎动物

无脊椎动物是体内没有脊柱或脊索的动物。它们有着各种形状、大小和颜色，广泛分布在陆地、湖泊、河流和海洋，以及土壤中，甚至能在空中飞翔。我们通常所说的虫子，就属于无脊椎动物。很多人认为虫子指的是昆虫，但其实昆虫只是无脊椎动物中节肢动物里的一个纲。别看虫子不起眼，它们可是现实生活中的超级英雄。

这些只是虫子做的一小部分重要工作	
传粉	见第8~13、18页
传播种子	见第15页
改善土壤	见第20页
控制虫害	见第19、22~23页
分解/循环利用	见第24~27页
提供食物	见第32~33页
治疗疾病	见第34~35页
创造财富	见第36~37页

让我们更详细地了解这些超级英雄的工作吧。

超级蠕虫

养活全世界的庞大人口不是一件容易的事。幸运的是，一些长长的、蠕动的无脊椎超级英雄可以为我们提供帮助。

蚯蚓是我们常见的超级蠕虫，它们花费大量的时间在我们脚下的泥土中挖洞。它们吃腐烂的植物，然后在土壤中蠕动，排出的粪便为土壤提供丰富的营养物质。蚯蚓挖掘出的隧道为空气和水在地下流动提供了通道。当蚯蚓死去后，它们的身躯会分解，为土壤带来更多营养物质，使土壤变得更加肥沃。

蚯蚓挖隧道疏松了土壤，使树木等植物的根系更容易生长。蚯蚓也是许多动物的美食，例如狐狸、蟾蜍和鸟类。

虽然蚯蚓对农民有很大的帮助，但农民却给它们造成了不少的麻烦。许多耕作方式都会伤害到蚯蚓，破坏它们的栖息地。犁地、使用化学农药，以及过度使用土地导致土壤干燥坚硬，都会杀死蚯蚓。改变耕作方式和保护土壤将帮助蚯蚓茁壮成长，使土壤保持肥沃，这也将促进粮食作物增产，对农民有帮助。

强大的传粉者

你知道吗？传粉良好的苹果树结出的苹果会有更多的种子，而且会长得更大、更多汁以保护种子。如果你买苹果，你会怎么选呢？一个小苹果，还是一个大而多汁的苹果？

传粉是指成熟花粉从雄蕊花药或小孢子囊中散出后，传送到雌蕊柱头或胚珠上的过程。传粉可以让花朵结出种子。植物结出种子，才能生长出更多的植物。花粉可以借助风、水或动物来传播，但主要是由昆虫传播的。

我们吃的大部分食物都有赖于植物被传粉。有些植物，比如黄瓜、西红柿、菜豆和豌豆，都必须经过传粉才能结出果实。还有些植物，比如胡萝卜，需要传粉才能结出种子。

我们都知道蜜蜂会传粉，其实胡蜂、蝴蝶、甲虫，甚至苍蝇也会传粉。全球有数十万种不同的昆虫都可以帮助传粉。

大多数野花和花园中的花都需要传粉。即便是那些看起来又高又强壮的树木，也需要小生物来帮助传粉。如果传粉者消失了，许多植物也会消失。

让我们来了解更多关于传粉者的故事吧！

勤劳的蜜蜂

我们想到蜜蜂时，通常想到的是它们可以生产蜂蜜。但其实只有极少数种类的蜜蜂会生产蜂蜜。产蜜的蜜蜂生活在蜂巢里，产蜜是为了让蜂群在食物匮乏的冬天也能存活下去。它们生产的蜂蜜要比整个蜂群需要的多得多，所以养蜂人能收获大量的剩余蜂蜜。

蜜蜂是传粉者，它们会访问许多不同的花，将其作为食物来源。野生蜜蜂有它们偏爱的花，是更好的传粉者，因为它们只在同一种植物间移动，能让花粉传递成功率更高。

全世界大约有2万多种蜜蜂——其中只有极少数种类的蜜蜂是产蜜蜜蜂。大多数蜜蜂是独居蜜蜂。

蜜蜂只能从花朵里获取花粉和花蜜。在气候较冷的地区，蜜蜂通常蛰伏在蜂巢里度过寒冷的月份。但随着全球变暖，蜜蜂越来越需要全年份的花粉和花蜜供应。然而在冬天有几个月野外几乎是没有花的。

在一些地方，植物授粉靠人工授粉来完成，因为自然界传粉的野生蜜蜂越来越少了。由于滥用杀虫剂和自然栖息地不断丧失，世界各地的蜜蜂都在减少。一些大型农田和户外空间已经被小型农田或建筑物取代，导致这些地方花朵的种类和数量都满足不了蜜蜂的需求。

美丽的蝴蝶与飞蛾

科学家们研究蝴蝶与飞蛾，由此得知当下野生动物的状况。蝴蝶与飞蛾很适合做科研观察，因为它们的数量和生活状态很容易被追踪到，并且它们身上的变化在昆虫中具有很高的普遍性。

蝴蝶与飞蛾都是传粉者。它们长着长长的虹吸式口器，可以伸入其他传粉者无法触碰的花朵深处。它们长途跋涉，通过气味寻找特定的富含花蜜的花朵。在花园里种植蝴蝶和飞蛾喜欢的植物，可以帮助它们在旅行中补充能量。

除了传粉，蝴蝶与飞蛾还会产卵，这些卵会孵化成毛虫，最后长成新的蝴蝶与飞蛾。毛虫也是其他野生动物的美食之一。

许多飞蛾都是夜间飞行者，它们会被光线吸引。这意味着，当它们本应为花朵传粉时，却飞向了路灯、花园的灯或室内的灯。不幸的是，因为飞得离灯光太近，许多飞蛾会因为撞击或烫伤等原因而死掉。每天晚上，我们都在造成这些珍贵的生物的死亡。

我们可以通过在晚上拉上窗帘，或减少使用室外的灯，

模仿大师食蚜蝇

食蚜蝇是模仿大师。它们模拟胡蜂和蜜蜂的外观，以保护自己不受捕食者的伤害。它们为地球做了很多工作，包括传粉、消灭害虫和清洁环境。

食蚜蝇成虫食用花粉和花蜜，所以它们也是伟大的传粉者。它们经常翻山越岭地迁徙，甚至会穿越大陆。

一些食蚜蝇的幼虫以植物害虫为食，比如飞虱和蚜虫；还有一些食蚜蝇的幼虫则以死亡或腐烂的植物为食。

黑带食蚜蝇的幼虫可以快乐地生活在胡蜂巢中而不被蜇。它们会吃蜂巢里的碎屑和垃圾，为胡蜂和胡蜂的幼虫"打扫"卫生。

蚂蚁农夫

黑黢黢的蚂蚁在土壤中建造巢穴。像蚯蚓一样，它们挖洞筑巢可以翻搅泥土，帮助土壤保持健康。蚂蚁将种子储存在巢穴中，其中一些种子得益于土壤的营养，会长成新的植株。

蚂蚁会食用其他昆虫以及含糖物质，比如腐烂的水果。它们通过这样的方式，为控制害虫数量和清洁田野提供帮助。

蚂蚁会饲养蚜虫。蚜虫是一种以植物汁液为食的小昆虫，经常破坏植物。然而，它们也是许多动物重要的食物来源。蚂蚁会保护蚜虫，把它们带去新鲜植物上进行喂养，收集它们生产的含糖蜜露。在冬天，蚂蚁还会把蚜虫带到地下，一部分作为粮食，一部分保护起来，让它们免受严寒侵袭，以便在春天建立新的蚜虫农场。

聪明的甲虫

全世界已发现超过30万种甲虫，而且它们几乎无所不能。

射炮步甲的腹部末端可以喷射出滚烫的毒液，蜣螂（俗称屎壳郎）能举起百倍于自身重量的东西，这些奇妙的甲虫对科技发展有着重要的影响，研究它们可以帮助我们开发新型技术。现在科学家们正在研究纳米布沙漠甲虫，想要从它们身上学习怎样从空气中获取水分，这将帮助植物和人类在恶劣环境中生存，比如人类在太空探索时的生存。

在1亿多年前甲虫就开始为世界上最早出现的开花植物传粉。今天我们已拥有大量的鲜花和传粉者。

如今，有一种甲虫也将改变世界。它很小，是棕色的，看起来很普通，但它隐藏着一个秘密。

这种甲虫的幼虫可以以塑料为食。

塑料垃圾是当今世界的一大难题。这种甲虫的幼虫可以帮助我们解决这个难题。黄粉虫幼虫不仅喜欢啃食聚苯乙烯（一种塑料），吃完还能茁壮成长。这些神奇的小家伙会很乐意以我们的塑料垃圾为食。在此之前，全世界的聚苯乙烯主要是进入垃圾填埋场来进行处理。

奇妙的胡蜂

你是否认为胡蜂很烦人，而且毫无价值？其实胡蜂很棒，它们为我们的星球做了不少有益的工作。

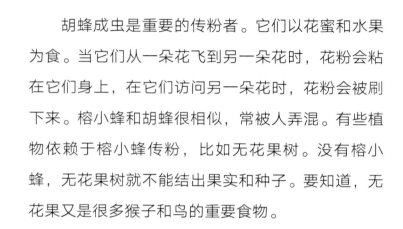

胡蜂成虫是重要的传粉者。它们以花蜜和水果为食。当它们从一朵花飞到另一朵花时，花粉会粘在它们身上，在它们访问另一朵花时，花粉会被刷下来。榕小蜂和胡蜂很相似，常被人弄混。有些植物依赖于榕小蜂传粉，比如无花果树。没有榕小蜂，无花果树就不能结出果实和种子。要知道，无花果又是很多猴子和鸟的重要食物。

世界上已知有超过5000种胡蜂，但只有数十种是会筑大型蜂巢的群居胡蜂。这些胡蜂就是人们所恐惧的、一旦受扰就很可能攻击并蜇人的类群。

胡蜂也是猎手。它们猎捕其他昆虫和蜘蛛以喂养它们的后代（幼虫），这有助于保持自然界的种群平衡。

体形较大的独居胡蜂通常以毛虫和其他植食性昆虫的幼虫为食。

如果没有胡蜂吃掉这些植物害虫，大量的农作物会被破坏，或者人们会使用更多有毒杀虫剂来消灭这些害虫。

神奇的千足虫

正如我们所知的，蚯蚓和蚂蚁可以疏松土壤，还有一种肩负这项重要工作的虫子是神奇的马陆，又叫千足虫。千足虫是一种神秘的动物，它们生活在土壤中和腐烂的树叶下，以及石头、木头和树皮下。

千足虫钻过植被，取食死亡和腐烂的植物。它们可以疏松土壤，并通过自己的排泄物将营养物质带到土壤中，帮助植物生长。

千足虫天生适合在土壤中前进或从岩石下穿行。它们有很多短小的足（有的有超过1000只足），因此能够挤入土壤和枯枝落叶层的缝隙中。为了做到这一点，千足虫进化出了许多不同的种类。

"**推土机**"，比如金环马陆。它们低下头，用许多短足向前推进。它们圆柱形的躯干灵活、坚韧且强壮，也利于前进。

"**开拓者**"，比如尖头千足虫。它们努力将头挤进小小的缝隙里，之后再用腿部的肌肉把身体向前推，直到隧道足够宽敞，可以让整个身躯畅通无阻地通过。

"**楔行者**"，比如平背千足虫。它们把扁平的头伸进土壤或落叶中的小缝隙，顶出楔形空间，然后扭动它们扁平的身躯钻进去。

蜈蚣在行动！

你知道吗？在你的花园里可能住着一个可怕的捕食者。它动作迅捷，有着特殊的、能向猎物注射毒液的足。它是一种多足的食肉动物。它，就是蜈蚣！

你可以在世界各地找到蜈蚣，甚至在北极圈里。在大多数地方，只有较小的昆虫才害怕这个猎手。然而在热带地区，一些巨大的蜈蚣甚至能够咬破人类的皮肤，然后注射毒液。

当蜈蚣感觉到附近有猎物时，它们会将特殊的足用作毒牙，向猎物注入毒液，这样它们就能捕获猎物了。我们很难分辨出蜈蚣哪边是头，哪边是尾，因为它们身体后面较长的足看起来很像头部长长的触角，而且蜈蚣倒退移动的速度几乎和向前移动的速度一样快。

蜈蚣是虫子中的英雄，因为它们帮助我们消灭了花园里的害虫。

蜈蚣不仅擅长捕食动作缓慢的虫子，比如蛞蝓（俗称鼻涕虫）、蛆虫和线虫，还能迅捷地追捕那些移动速度飞快的猎物，比如它们的近亲千足虫，木虱，甚至蜘蛛。

夺尸者

不甚愉快的思考时间：假如一只动物，比如老鼠或鸟，死在野外，它的身体会去哪里呢？为什么我们找遍整个野外也无法找到它的尸体呢？这是因为昆虫来干活了，尤其是两种类型的昆虫，它们在扮演着重要的夺尸者角色。

葬甲，是食腐性甲虫中色彩艳丽的成员。在这里"腐"的意思是死去的动物的尸体，这是葬甲的主要食物来源。葬甲们在死去的小动物的尸体下掘土，将它们埋进一个坑里。之后，葬甲在坑里筑巢并产卵，它们的幼虫孵化出来以后，就以小动物的尸体为食，让小动物的尸体经过循环重新回归大地。

另一种抢夺尸体的昆虫是丽蝇。丽蝇在腐烂的尸体中产卵。它们的蛆虫孵化出来后，将腐肉吞食一空，只留下骨头。之后蛆虫变成了一群新的丽蝇，然后开始寻找更多的尸体。

葬甲和丽蝇等夺尸者在维持地球的生态平衡中起着至关重要的作用。如果没有它们的帮助，地球的居住环境将无比恶劣，甚至我们的日常生活都将难以维持。

粪便清洁工

当你正在外面散步时，看到一摊狗便便可不是件愉快的事。想一想，动物每天、每月、每年都会排便……那么，这些粪便都去哪里了？

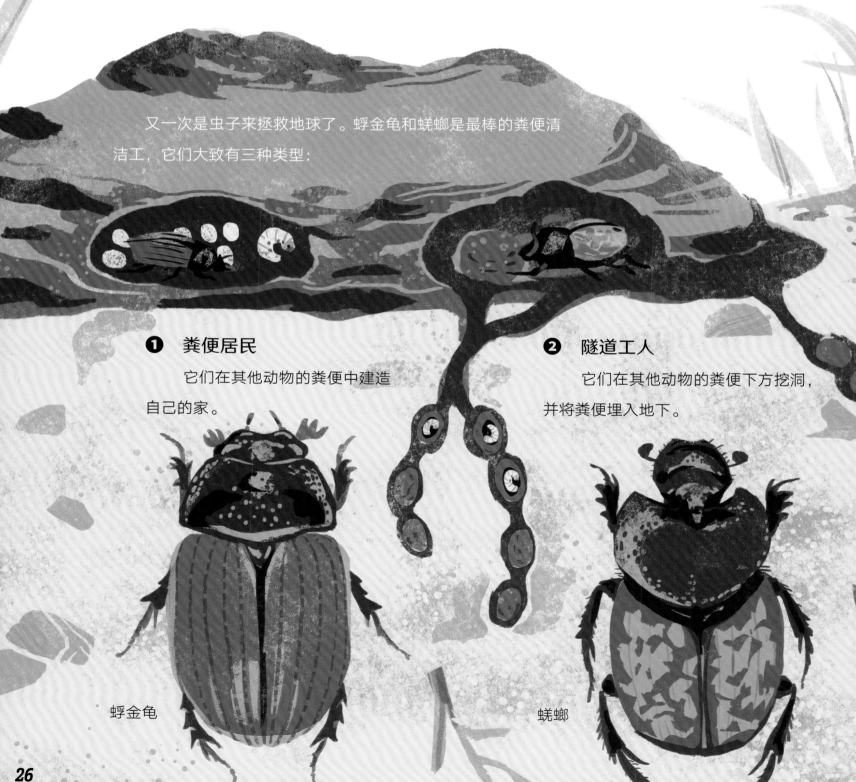

又一次是虫子来拯救地球了。蜉金龟和蜣螂是最棒的粪便清洁工，它们大致有三种类型：

❶ **粪便居民**
它们在其他动物的粪便中建造自己的家。

❷ **隧道工人**
它们在其他动物的粪便下方挖洞，并将粪便埋入地下。

蜉金龟

蜣螂

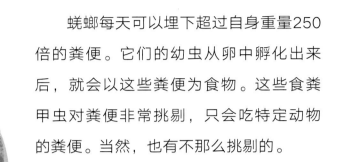

蜣螂每天可以埋下超过自身重量250倍的粪便。它们的幼虫从卵中孵化出来后，就会以这些粪便为食物。这些食粪甲虫对粪便非常挑剔，只会吃特定动物的粪便。当然，也有不那么挑剔的。

❸ 粪球滚手

它们将其他动物的粪便滚成一个个圆形的粪球，并将粪球滚走。

蜣螂

还有一些虫子也会吃粪便，其中包括许多种类的苍蝇。但蜉金龟和蜣螂是小英雄，因为它们在清理环境方面的贡献比我们的污水处理系统的还要大——另外，当我们出去散步时，我们的鞋子也会因它们的工作而保持清洁。

水中的奇迹

生活在我们周围的池塘、溪流和河水中的虫子，在保持水源清洁方面起着重要作用。它们不仅帮助分解死去的植物，还是一些动物（比如鱼类、鸟类和哺乳动物）的食物来源。科学家们通过水生昆虫监测水源的健康状况。健康的水源中生活着很多生物。

有些昆虫可以在水面行走。它们中的大多数行动非常迅速，以便快速捕获遇到的食物。但有一种昆虫喜欢慢慢来，它就是腿很长的尺蝽。尺蝽从容又谨慎，能感知到水面微小的振动，并利用这些微小的振动来寻找食物。它们主要以掉落到水中或浮上水面的小型动物的尸体为食。

尺蝽还可以用针状的口器捕食水面的水蚤、孑孓和其他小动物。

如今许多水生昆虫的生存都受到了威胁，因为它们的栖息地正在发生变化。水源被化学物质污染，河床和水位随着人类活动发生着改变，同时，气候变化也在改变水温。这一切都会杀死许多重要的水生昆虫。

太空旅行家

在 2007年，科学家们将一群勇敢的虫子探险家发射到环境恶劣的太空中。经历了10天没有水、没有空气，且太阳辐射强烈的生活后，它们被重新补充水分，其中一些竟成功地活了下来。这是动物王国从未有过的事情！来认识一下这种缓步动物吧！

缓步动物名字中的"缓步"意思是"慢慢行走"，它们确实移动得非常缓慢。这些虫子通常也被称为水熊虫，这是因为当人们通过显微镜观察它们时，发现它们看起来像长着8条腿的胖乎乎的熊。在陆地上、淡水中和海洋里都能找到它们的身影。

尽管体形很小，不足2毫米，但缓步动物是生命顽强的生物。它们能够承受高强度的压力和温度的变化。

在极端环境里，缓步动物似乎可以进入极深的睡眠或休眠状态。它们可以在极度缺水的状态下存活很多年，并在获取水分后恢复活力。

未来的某一天，从缓步动物身上学习到的知识可能会帮助我们人类深入太空，甚至将生命送往新的星球。

虫虫盛宴

很多人一想到吃虫子就感到恶心。实际上，人类一直在吃各种各样的无脊椎动物——比如螃蟹、贝类和虾。

随着世界人口数量不断增长，或许可以考虑将虫子作为一种主要的食物来源。毕竟与鸟类或哺乳动物相比，虫子的繁殖速度更快，更容易饲养，而且不像牲畜那样会排出很多温室气体。

在一些国家，虫子已经是人们重要的食物来源了。据估计，全球大约有20亿人将虫子作为日常饮食的一部分。

在刚果民主共和国，平均每个家庭每周要消耗300克毛虫。蝗虫和黄粉虫可以磨成粉，营养丰富。糖蚁作为食物则以其甜味而被大家熟知。

如果我们希望能够继续养活全球庞大的人口，同时减缓气候变化并保护环境，那么饲养和食用虫子或是一种选择。许多虫子都可以在工业建筑里密集饲养，层层叠叠地堆放，这可以让更多的土地得到解放并恢复野生状态，同时也可以让遭受破坏的栖息地得到恢复。

虫子医生

医生会使用水蛭和蛆虫吗？你可能会认为，在医院里，根本不需要虫子。但实际上，有些虫子可能很有用！科学家们在研究虫子的行为和毒素，探索我们可以怎样利用它们。

过去，苍蝇的幼虫（蛆虫）被用来治疗伤口。开放性伤口暴露在外，坏死的肉很快就会引起进一步感染。而蛆虫只吃坏死的肉，所以，将它们放在伤口上，可以清理伤口，预防感染。如今，在一些医院里，蛆虫也被用来保持伤口清洁。

在整形和修复手术中，水蛭可以用来帮助促进血液循环。把水蛭放在皮肤上，它们会咬破皮肤以吸食血液。在这个过程中，它们会释放出能减轻疼痛、防止凝血和促进该区域血液供应的物质。这可以使小血管中的血液重新流动，从而防止修复后或新生成的人体组织死亡。尽管水蛭在过去也曾被大量使用，但如今它们的作用得到了更好的了解和发挥。

吸血的昆虫，比如蚊子，在进食时会吐出防止血液凝固的化学物质。这些化学物质已经被人类复制，广泛应用于医学领域。

会赚钱的虫子

虫子是小小财富创造家！蜜蜂凭借它们生产的液态黄金——蜂蜜——在创造财富方面遥遥领先，但其他虫子也不容小觑。

蜜蜂生产出人类可以出售的蜂蜜。除了蜂蜜外，蜜蜂还会生产蜂蜡，用来制作蜂巢以储存蜂蜜。这种蜡被提取出来，用来为桌子、木地板甚至皮革打蜡抛光。

蜜蜂也可以通过其他方式赚钱。种植扁桃树的农夫付钱给养蜂人，在授粉的关键期将蜂箱带到扁桃树附近，以确保良好的授粉。温室作物种植者购买蜜蜂的蜂巢，放在他们的温室里，为西红柿等作物提供必要的授粉。

丝绸来自饲养的蚕结的茧。2000多年来，丝绸一直是一种非常有价值的贸易商品。其他的虫子，比如蜘蛛，也可以吐丝。目前人们正在研究能否用蜘蛛丝制作更加强韧但重量很轻的织物。

雌性紫胶虫会分泌一种类似蜂蜡的胶质。这种胶质经过加工后得到的产物叫作虫胶。它有许多用途，包括用来给水果、蔬菜和糖果、指甲油、烟花等增加光泽。

食物网

也许你不想吃虫子，但它们却是许多鸟类、鱼类、爬行动物、两栖动物和哺乳动物的食物来源。当然，这些动物也是彼此的食物来源。所以，如果虫子的数量减少，我们的食物网很可能会崩溃。

如果没有虫子，那些不完全依靠虫子传粉的植物能存活下来，以这些植物为食的鸟类也能存活；还有一些食腐鸟类，如秃鹫，也能存活；但是那些依靠虫子完成传粉过程的植物就无法再产生种子，最终都将消失，而以这些植物为食的鸟类也将灭绝，这会导致地球上鸟类物种锐减，危害生物多样性。

如果没有虫子，就不会有那些以虫子为食的小型哺乳动物，比如刺猬、獾和鼩鼱。

如果没有虫子，大部分的花和果树将无法结出种子，进而灭绝。

如果没有虫子，河流里的许多鱼就会消失——因为它们以虫子为食。

如果没有虫子，青蛙、蟾蜍、蝾螈，甚至蜥蜴和蛇就可能灭绝——因为它们都将没有食物。

简而言之，如果虫子从世界上消失，食物链就会断裂，食物网也会崩溃。这个世界将会失去颜色、味道和声音。

这就是为什么说虫子是拯救世界的超级英雄，因为我们习以为常的生活全都依赖着它们。

虫子的未来

虫子面临着很多生存危机，其中包括：

◎ **栖息地丧失**——虫子依赖它们的栖息地以获得良好的食物来源和生活的空间。

◎ **连通性丧失**——这意味着虫子将无法从一个栖息地迁徙到另一个栖息地，因为人类建造的道路、建筑物穿过或过于靠近它们的栖息地。

◎ **有毒化学物质积累**——用于杀死害虫和杂草的化学物质也会毒害益虫。

◎ **气候变化**——随着全球变暖，虫子需要迁徙到气候适合它们生存的栖息地。

◎ **非本土物种入侵**——虫子和植物在不同国家间迁徙会引起对食物和生存空间的竞争，还会带来对当地虫子种群致命的疾病。

只靠一个国家是无法消除这些威胁的。应该在世界范围内，通过各个国家和国际组织的共同努力，来阻止虫子灭绝。

在应对上述威胁时，各国政府和国际组织应发挥重要作用。它们可以：

◎ 制定规则以停用化学制剂或改变化学制剂的使用方式；

◎ 鼓励采取积极的行动，比如发展对环境更友好的农业生产方式；

◎ 支持建设跨大陆互联的野生动物走廊，这将有利于动物完成因气候变化导致的迁移并恢复栖息地之间的生态关联；

◎ 采取行动减少温室气体排放，从而逆转气候变化。

我们需要采取措施改善虫子的生存环境，但必须规划好，避免资源浪费。例如，一个规划合理的、互联互通的虫子友好型栖息地群落，比零散分布、互不相连的栖息地占地更少，养活的虫子却更多。

和虫子一起努力，每个人都是成功的关键！

保护虫子，从我做起

我们神奇的、努力工作的超级英雄虫子遇到麻烦了。如果我们不改变自己的生活方式，到2050年，虫子中近40%的物种将面临灭绝的威胁。

保护虫子，我们可以：

减少修剪频率，让草坪长得更茂盛

茂盛的草坪为虫子提供了庇护，使鲜花绽放。一切生命都需要合适的生存环境，包括虫子！

种植对传粉者有利的花卉

传粉者需要良好的食物供应，而随着气候变暖，它们必须终年觅食。如果家里没有花园，可以在窗台或阳台上的花盆里种植传粉者需要的花卉。

不要在花园中使用杀虫剂或除草剂

化学物质会摧毁虫子活动、繁殖和抵御疾病的能力。

给虫子建造一个家

自己动手制作，或为虫子购买一个合适的家。

在花园里提供一个小水源

虫子也需要喝水。

读完这本书，你就懂得了虫子的重要性。

帮助虫子拯救世界，你准备好了吗？

术语表

触角：昆虫、软体动物或甲壳类动物的感觉器官之一，生在头上，一般呈丝状。

蚜虫：昆虫，身体小，卵圆形，绿色、黄色或棕色，腹部大。吸食植物的汁液，是农业害虫。

茧：某些昆虫的幼虫在变成蛹之前吐丝做成的壳，通常是白色或黄色的。

进化：生物逐渐演变，由低级到高级、由简单到复杂、种类由少到多的发展过程。

苍蝇：昆虫，种类很多，通常指家蝇，头部有一对复眼。

温室气体：大气中能引起温室效应的气体。

昆虫：节肢动物的一纲，身体分为头、胸、腹三部分。头部有触角、眼、口器等。

幼虫：一般指昆虫的胚胎在卵内发育完成后，从卵内孵化出来的幼小生物体。

孑孓：蚊子的幼虫。

水蛭：环节动物，体狭长而扁，后端稍阔，黑绿色。

物种：生物分类的基本单位，不同物种的生物在生态和形态上具有不同特点。物种是由

共同的祖先演变发展而来的，也是生物继续进化的基础。

蛆虫：苍蝇的幼虫。

花蜜：花朵分泌出来的甜汁，能引诱蜂蝶等昆虫来传播花粉。

花粉：花药里的粉粒，多是黄色的，也有青色或黑色的。

传粉：指成熟花粉从雄蕊花药或小孢子囊中散出后，传送到雌蕊柱头或胚珠上的过程。

繁殖：生物产生新的个体，以传代。

污染：有害物质混入空气、土壤、水源等而造成危害。

种子：显花植物所特有的器官，是由完成了受精过程的胚珠发育而成的，通常包括种皮、

胚和胚乳三部分。

生物多样性：各种生态复合体的总称。包括生态系统、物种、遗传和自然景观多样性四个层次。

既是生物之间及其与环境之间复杂的相互关系的体现，也是生物资源丰富多彩的标志。

食物链：物质和能量以食物形式依次从一个生物体传递到另一个生物体的途径。

食物网：一个局部地区的食物链相互缠结而形成食物网。

脊椎动物：有脊椎骨的动物。

索引